Consciente de la importancia que en el día de hoy tienen aquellas palabras dichas al profeta Daniel por aquel varón que *"tenía semejanza de hombre"*, referentes a que en *"el tiempo del fin … la ciencia se aumentará"* (Daniel 12:4), y ante tanto la formación académica que emana de colegios y universidades como la que los diferentes medios de comunicación promulgan de continuo, es por lo que va surgiendo la idea de ilustrar algunos ejemplos de principios descubiertos por la ciencia pero que cientos o miles de años antes de que se probaran ya constaba su registro en las sagradas Escrituras. Hoy, como antaño, cobra fuerza la exhortación que el apóstol Pedro dirigía a aquellos judíos que vivían en la zona norte de la actual Turquía (fueron perseguidos y esparcidos en los tiempos de Esteban), cuando les dice que estén *"preparados para presentar defensa con mansedumbre y reverencia ante todo el que os demande razón de la esperanza que hay en vosotros"* (1ª Pedro 3:15), máxime cuando, cada vez más, somos reticentes a *"examinadlo todo"* (1ª Tesalonicenses 5:21), en contraste manifiesto al ejemplo dado por aquellos cristianos de Berea cuando, a pesar de escuchar al gran apóstol Pablo y aceptar sus palabras, se nos dice de ellos que estudiaban las Escrituras *"para ver si estas cosas eran así"* (Hechos 17:11). Querido lector, es mi deseo y propósito que en la lectura de este librito te sientas afirmado en las palabras que el Espíritu Santo llevó a escribir al apóstol Pedro: *"no os hemos dado a conocer el poder y la venida de nuestro Señor Jesucristo siguiendo fábulas artificiosas"* (2ª Pedro 1:16). El Señor te bendiga.

1

Dedicado a David y a Julio … mis hijos

David Melón Veiga

Abril, 2011

El tiempo tuvo un comienzo

 Mucho ha avanzado el conocimiento humano en su concepto sobre el tiempo desde que el gran erudito griego Aristóteles, cerca del 400 AC, dijese que consideraba al tiempo como *"no existente de no haber cambio alguno"*, hasta que el gran teólogo argelino Agustín de Hipona (por el año 400), señalase que: *"todos sabemos lo que es el tiempo hasta que nos vemos obligados a explicarlo"* Para los reconocidos científicos Galileo Galilei, Isaac Newton y otros muchos a lo largo de la historia, la ciencia va avanzando y modelando su conocimiento y explicación sobre el concepto de tiempo, hasta que el alemán Gottfried Leibniz (por el año 1675), lo definiese como *"algo relativo"*. Lo mismo hará dos siglos después, en 1905, el también alemán, Albert Einstein. Llegados hacia finales del siglo XX, en el año 1982 y en su teoría sobre el principio del tiempo, el científico Stephen Hawking llega a expresar lo siguiente: *"si se conoce el estado del universo en el tiempo*

imaginario, se puede calcular el estado del universo en el tiempo real. Se esperaría por tanto algún tipo de singularidad del Big Bang en el tiempo real. Por lo tanto, el tiempo real tendría un comienzo." Es con esta exposición que el mundo científico cierra lo que Einstein postulaba en su teoría de la relatividad: "*el tiempo tuvo un comienzo cierto*".

Con este mismo convencimiento y resolución vemos, por ejemplo, al apóstol Pablo cuando escribe a Timoteo acerca de la gracia que nos es dada en Cristo Jesús. Gracia que alcanzamos no en base a mérito personal alguno por nuestra parte, ni por obras que podamos presentar, sino conforme al propósito eterno de Dios y a la entrega voluntaria del Señor Jesús a favor nuestro: "*antes de los tiempos de los siglos*" (2ª Tim 1:9). La referencia del apóstol a "προ χρονων" (antes de los tiempos), la vuelve a utilizar cuando a Tito le habla de la esperanza que tenemos en Cristo Jesús desde "*antes de los tiempos de los siglos*" (Tito 1:2), dando a entender, inequívocamente, que hay un comienzo o principio de la obra del Señor Jesús a favor nuestro antes de que existiese la medida del tiempo. Y este mismo concepto lo contemplamos, también, cuando al escribir a los creyentes de Efeso les declara que nuestra elección ya tuvo lugar "*antes de la fundación del mundo*" (Efesios 1:4). Vemos, por tanto, como ya el apóstol Pablo, inspirado por el Espíritu Santo, señalaba hace unos dos mil años que el tiempo tiene un comienzo.

El universo tuvo un principio

Desde que Ptolomeo de Alejandría (vivió cerca del año

150), enunciase sus postulados sobre el universo y su concepción geocéntrica (el sol gira alrededor de la tierra), hasta los días de Isaac Newton donde ya este concepto geocéntrico se sustituía por el heliocéntrico de Copérnico (es la tierra la que gira alrededor del sol), la idea general sobre que el universo era finito, estable y eterno, perduraba todavía en el mundo científico de aquel entonces. Un estado que no tiene necesidad de un comienzo tanto en el espacio como en el tiempo. Fue a partir de los trabajos desarrollados a comienzos del siglo XX por el alemán Albert Einstein, el irlandés Georges Fitzgerald y el holandés Hendrick Lorentz, que empieza a emerger un mayor conocimiento de las leyes que rigen el cosmos (las constantes universales) y, por ende, un cambio en la concepción que del universo se tenía hasta aquel entonces, como sucedió, por ejemplo, a partir de 1929 cuando Edwin Hubble constata el alejamiento entre sí de las galaxias y, por tanto, el hecho de que el universo se expande. Es entonces que el mundo científico dejará las ideas desarrolladas por casi dos mil años para adentrarse en unos nuevos conceptos cosmológicos. En efecto, es a partir del año 1931 que el astrónomo católico George Lemaitre plantea la hipótesis de que el universo *"debió comenzar a partir de un átomo primario, extremadamente denso y pequeño, y fue expandiéndose a partir de una enorme explosión"*. Nace, así, la teoría del Big Bang y con ella el concepto científico de que el universo tuvo un principio.

Concepto que hace ya unos tres mil quinientos años Moisés trasmitía a sus conciudadanos israelíes (y a los lectores de la Biblia), cuando, narrando acerca de la creación realizada por Dios, señala: *"estos son los orígenes de los cielos y de la tierra cuando fueron creados, el día que Jehová Dios hizo la tierra y los cielos"* (Génesis 2:4). Así mismo, también el Señor Jesús deja totalmente claro este principio creativo cuando, en uno de los encuentros con los fariseos, hablando sobre el divorcio, hace mención a la creación del hombre y la mujer refiriéndose: *"al principio de la creación"* (Marcos 10:6), algo que también señala el apóstol Pedro, al hablar de los burladores que rechazan la obra creadora de Dios, señalan que todo permanece igual como desde el *"principio de la creación"* (2ª Pedro 3:4).

El universo fue creado de lo invisible

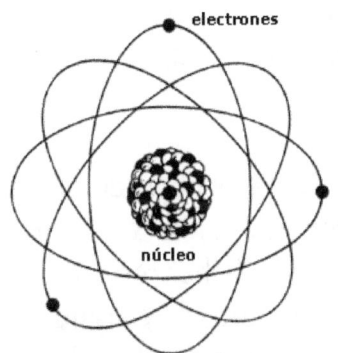

Hemos visto en el apartado anterior como después de siglos de pensamiento científico la ciencia humana llega a la conclusión que todo lo que podemos contemplar del universo estuvo contraído en un *"hylem"* (átomo primigenio, según Lemaitre), concepto que lleva implícito lo infinitamente pequeño, minúsculo, de lo cual está constituida la materia. Si bien es cierto que el término "átomo" tiene sus orígenes en los grandes filósofos griegos a partir de Demócrito (400 AC), cierto resulta el hecho de que tal término solo conllevaba la idea de aquella parte minúscula de la materia resultante de ir dividiendo una cantidad mayor de la misma. No es hasta después de 1773, cuando el químico francés Lavoasier expresa su conocidísima definición: *"la materia no se crea ni se destruye, sino que se transforma"* y las posteriores investigaciones de John Dalton, Amadeo Avogrado, Dimitri Mendeleiev y Ernest

Rutherford, entre otros, que nos introducen en el mundo del átomo como unidad fundamental y constitutiva de todo lo que vemos y palpamos. La ciencia actual admite que todo lo que nos compone está constituido por elementos diminutos llamados átomos, cuyas dimensiones vienen a ser la cien millonésima parte de un centímetro. Algo que usualmente aceptamos de forma coloquial pero que somos incapaces ni de medir, ni de expresar ni de comprender en su total cabalidad. Lo verdaderamente importante es que la ciencia actual expresa que todo (incluidos nosotros mismos), está constituido por partículas invisibles al ojo humano denominados átomos.

Algo que al autor de los hebreos reveló hace cerca de dos mil años. Antes de hacer mención *"al buen testimonio que alcanzaron los antiguos"* (hebreos 11:2), define la característica esencial que motivó y ayudó a tantos de aquellos hombres y mujeres en su vida y lucha cotidiana: la fe. Y es en una de las definiciones que hace de la misma que la señala como una convicción, prueba o evidencia de aquello que no se ve, concluyendo que es por esta fe que su comprensión y entendimiento sobre la creación del universo es que *"fue hecho de lo que no se veía"* (Hebreos 11:3), no solo en una clara referencia a que Dios creó todo de la "nada" sino, también, de donde "nada" se veía.

El universo se expande

Hasta que Galileo Galilei (1610), utilizó el telescopio para confirmar la teoría heliocéntrica de Copérnico, la idea generalizada que el mundo científico tenía hasta entonces era el de un universo estable y estático. Es más, no fue hasta principios del siglo XX que la idea de un universo que se expande va tomando lugar dentro del conocimiento científico, cuando el astrónomo americano Vesto Melvin Slipher nota en 1914 que ciertas nebulosas espirales (galaxias), se alejan de nuestro Sol (algo ya expresado por los científicos y astrónomos europeos Eddington, Einstein y Lemaitre). La comunidad científica recibe la confirmación definitiva con los trabajos realizados durante los años 1925 a 1929 por los astrónomos Milton Humason y Edwin Hubble, especialmente cuando éste último enuncia la conocida como la "ley de Hubble", la cual establece que *la velocidad de alejamiento de una galaxia es proporcional a su distancia*". Años más tarde, en 1965, los científicos Arno Penzias y Robert Wilson (recibieron el premio Nobel en 1978), lograrán aislar lo que la ciencia conoce como "radiación cósmica de fondo", en relación al pretendido origen que tuvo el universo y a su expansión actual, la cual el satélite de la Nasa, COBE (enviado en 1992), plasmó en sus captaciones de las anisotropías (pequeñas desviaciones de la temperatura del universo con respecto a su valor promedio).

Algo que, como podemos ver, el profeta Isaías conocía hace ya unos dos mil setecientos años cuando Dios le revela la obra que llevaría a cabo su Siervo, el Señor Jesús, quien, como nos declara el apóstol Pablo en la carta a los Filipenses: *"se despojó a sí mismo, tomando forma de siervo, hecho semejante a los hombres; y estando en la condición de hombre, se humilló a sí mismo, haciéndose obediente hasta la muerte, y muerte de cruz"* (Filipenses 2:7-8). Así, en Isaías capítulo 42, al presentar la obra que el Señor Jesús haría al traer, implantar y aplicar su justicia sobre esta Tierra, Dios, al revelarse al profeta, se define como el creador de los cielos y quien *"les da su expansión"* (Isaías 42:5), refiriéndose no solo a su ubicación si no, también, a su distribución dentro del universo, siendo necesario recordar como el escritor sagrado es llevado por el Espíritu Santo a utilizar la palabra hebrea "נָטָה", cuya raíz primaria es la de estirar o esparcir, tal y como detalla en el verso 20 del capitulo 40 al igualar esta expansión del universo a la extensión de *"una cortina"* o una *"tienda de morar"* (este mismo concepto de despliegue o extensión la vemos, también, tanto en el profeta Jeremías (10:12 y 51:15) como en Zacarías (12:1)).

La creación de la materia y la energía han acabado en el universo

Al poco de emanar la teoría del Big Bang sobre la formación del universo, el mundo científico (encabezados por los astrónomos Hermann Bondi, Thomas Gold y Fred Hoyle), propone en 1949 que si el universo se está expandiendo su densidad tendría que ir disminuyendo y, por tanto, para compensar la misma era necesaria una creación continua de materia. Según Fred Hoyle *"en puntos del Universo llamados "irtrones", la materia estaba siendo creada sobre un fundamento continuo"*. Esta teoría, tan ampliamente difundida y aceptada en los años 1950-1960, se conoció como la teoría del estado estacionario pero quedó en desuso por el descubrimiento de la radiación de fondo de microondas propuesta por los astrofísicos Alpher, Gamov y Herman en 1948 y ratificada en 1965 por los científicos del Laboratorio Bell Arno Penzias y Robert Woodrow Wilson. Esta teoría del estado estacionario chocaba de frente, también, con lo postulado más de dos siglos antes (Mijaíl Lomonósov en 1745 y por Antoine Lavoisier en 1785), referente a que *"la materia no se crea ni se destruye solo se transforma"* (lo que en 1850 el alemán Rudolf Clausius y el ingles Lord Kelvin definieron como la primera ley de la termodinámica).

Cuando Moisés relata la creación en el capitulo primero del libro de Génesis notamos como en cada proceso de la misma nos va señalando que, para Dios, lo hecho *"era bueno"*; de la misma manera, cuando concluye el relato de la creación del hombre, nos escribe que Dios miró lo que había creado *"y he aquí que era bueno en gran manera"*. Ahora bien, es en este punto donde apreciamos un matiz importante cuando Moisés dice de Dios que miró *"toda"* la creación que había hecho (Génesis 1:31), señalando el hecho de que nada más iba a añadir a ella. Efectivamente, en los versos siguientes (los tres primeros del capitulo 2), vemos esta misma idea expresada en las frases *"todo el ejercito de ellos"*, *"toda la obra que hizo"* y *"toda la obra que había hecho"*, en las que no solo se nos habla de la totalidad de la creación sino, también, de su finalización. El hecho de utilizar por dos veces las palabras "acabar" (literalmente cesar, consumar) y "reposar" (literalmente parar, desistir), en los tiempos verbales participio y pasado perfecto (ambos indican acciones iniciadas y totalmente finalizadas en el pasado), nos señala la realidad de que: *"fueron acabados los cielos y la tierra"* y que *"acabó Dios en el día séptimo… toda su obra que había hecho"* Génesis 2:1-2

El universo se desgastará

Ya el apóstol Pedro nos advertía sobre la forma de pensar de algunos cuando señalan que: *"todo permanece igual desde el principio de la creación"*. Y esta viene siendo, prácticamente, la postura de todo aquel que piensa en millones de años para la existencia del universo. En esta casuística de tiempo vienen a decir que todo permanece igual, o incluso evolucionando de formas primitivas a otras mas desarrolladas y complejas. Sin embargo fue en 1850 que el científico Rudolf Clausius desarrolla el concepto de entropía (años mas tarde Ludwig Boltzmann logró expresarlo matemáticamente), lo que conocemos de forma coloquial como el desorden de un sistema, es decir, su grado de homogeneidad. En su definición, Clausius llega a exponer que como los procesos reales son siempre irreversibles siempre aumentará la entropía y, apelando al enunciado de la primera ley de la termodinámica ("*la energía no puede crearse ni destruirse*"), concluye que la entropía puede crearse pero no destruirse y que, por tanto, la entropía del Universo crece constantemente con el tiempo de forma tal que cuando el valor de la entropía sea máxima, esto es, exista un equilibrio entre todas las temperaturas y presiones, llegará la muerte térmica del Universo. En conclusión, y conocida como la segunda ley de la termodinámica, viene a decir que mientras que la cantidad de la materia/energía permanece igual (primera ley), la calidad de la misma se deteriora gradualmente con el tiempo.

Algo que el salmista conocía hace ya más de dos mil quinientos años cuando escribe en el Salmo 102:25-27 *"tú fundaste la tierra, y los cielos son obra de tus manos. Ellos perecerán, y tú permanecerás; y todos ellos como una vestidura se envejecerán"*, al contrastar la eternidad de Dios con la duración de lo creado, así como a su actual estado a causa del pecado. Algo que el apóstol Pablo nos aclara en Romanos 8:20 que *"la creación fue sujetada a vanidad"*, definiendo este estado como vano (figuradamente algo fugaz), y como de decaimiento o ruina. Ahora bien, de la misma manera que se nos presenta la realidad actual de la creación también se nos declara que ella será libertada en el futuro, cuando sean hechos nuevos cielos (Isaías (65:17, 2ª Pedro 3:13), y nueva tierra (Apocalipsis 21:1).

El número incontable de estrellas

 Desde la antigüedad el hombre ha levantado su vista para mirar al firmamento y querer contar las estrellas. De los babilonios a los griegos, pasando por chinos, egipcios o incas, hasta llegar al danés Tycho Brahe (fallece en 1601), todos trataron de contar las estrellas, pero ninguno llegaba a sobrepasar el numero de cinco o seis mil de ellas, y eso en las mejores condiciones metereológicas. No fue sino después de que Galileo Galilei comenzase sus observaciones astronómicas en 1610 utilizando un telescopio que el número de estrellas que se pueden contar va en aumento, aunque, por aquel entonces, lo visible estaba limitado a las estrellas que conforman nuestra galaxia, la vía Láctea. Esta cifra va aumentando en la misma proporción que lo hacen la calidad de los aparatos de visión como, por ejemplo, el instalado en 1917 en el Monte Wilson, California, donde los

astrónomos descubrieron que la mayoría de las nebulosas que contemplaban era, en realidad, otras galaxias distintas y distantes a la nuestra cuyo número podrían ser millones. Más recientemente, con la ayuda del telescopio espacial Hubble, satélites y otros instrumentos de investigación, científicos australianos estiman que en el universo el número de estrellas es, verdaderamente, galáctico: unos setenta septillones de ellas (70.000.000.000.000.000.000.000.000). Número que nos resulta fácil de escribir, pero difícil de asimilar.

Algo que el profeta Jeremías llega a experimentar, hace ya unos dos mil seiscientos años, cuando escribe sobre la profecía relativa a la promesa de Dios dada al rey David (a través del profeta Natán y recogida, inicialmente, en 2ª Samuel 7:12), en cuanto a que de su descendería saldría uno que afirmaría su reino, en referencia, inequívoca, al Señor Jesús. Es en base a esta promesa (y a la certeza de su cumplimiento), que Dios mismo la coloca en la misma imposibilidad de alterar la rotación de la Tierra (Jeremías 33:20-21); y es, también, en base al numero de descendientes que tendrá tanto el rey David como el sacerdocio que de Aarón, que Dios mismo llega a decir que tal número no se puede contar de la misma forma que *"no puede ser contado el ejército del cielo, ni la arena del mar se puede medir"*, concepto que ya fuera expresado por Moisés (Génesis 13:16 y 15:5), y cuya realidad podemos ver en esta nación, Israel, con más de tres mil quinientos años de antigüedad.

Cada estrella es diferente

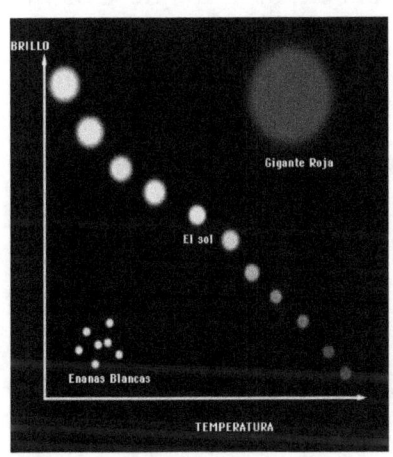

Exceptuando nuestra compañera de viaje sideral, la Luna, así como al Sol y los planetas de nuestro sistema, lo que para la inmensa mayoría de los observadores del firmamento nos parece igual, en realidad, no lo es. Desde que por el año 120 AC, Hiparco de Nicea iniciase una clasificación de las estrellas en base a luminosidad con que las vemos, pasando por Ptolomeo de Alejandría llegamos a la edad media teniendo esta misma manera de comparar unas estrellas con otras. Es por el año 1890 que el astrónomo inglés Henry Draper presenta su clasificación estelar a partir de los rastros (espectros) que las estrellas dejaban en las líneas de emisión del hidrogeno, sistema que el profesor de escuela suizo Johann Balmer había descubierto en 1885. Mas recientemente, en 1943, los científicos William W. Morgan, Philip C. Keenan y Edith

Kellman presentan una clasificación más detallada y exhaustiva del catalogo estelar. Hoy en día, miles de estrellas tienes su propia ficha de identidad, exclusiva y diferenciada de cualquier otra. De la misma manera que la huella dactilar o el iris del ojo diferencian a cada ser humano, el análisis espectral (cataloga composición química, tamaño y temperatura), diferencia a cada una de las estrellas catalogadas. No hay dos iguales.

Algo que ya el apóstol Pablo enseñaba a los de Corinto cuando, hace dos mil años, les escribía acerca de la resurrección y cual será el cuerpo que tendremos después de que ocurra, presentando no el que cada cuerpo resucitado sea distinto a otro también resucitado sino para mostrar la diferencia entre nuestro cuerpo de carne y el que tendremos después de resucitados. No solo presenta la diferencia entre el ser humano y el resto de animales de la creación al señalar los varios tipos de carne sino, también, lo que podemos apreciar cuando contemplamos el firmamento y notamos el brillo aparente de los astros: *"una es la gloria del sol, otra la gloria de la luna, y otra la gloria de las estrellas, pues una estrella es diferente de otra en gloria"* (1ª Corintios 15: 41).

Pléyades y Orión, grupos de estrellas

Cuando Galileo Galilei, cerca de 1610, comenzó a escudriñar el firmamento con su telescopio, llevó una gran sorpresa: mientras la Luna y los planetas aumentaban de tamaño las estrellas permanecían todas igual. Cierto que las veía con más luminosidad, pero el tamaño era el mismo que a simple vista. Aún con todo, pudo dibujar lo que veía aumentado y mostrar que algunas estrellas estaban formando concentraciones especiales, como formando grupos separados. Con el aumento de la potencia y precisión de los futuros telescopios los astrónomos fueron comprobando lo que posteriormente definirían como cúmulos estelares, a saber: una concentración homogénea de estrellas. Fue en 1687 que Isaac Newton presenta su explicación sobre la fuerza (gravedad), que mantiene unidos los astros del firmamento y en 1771 el astrónomo francés Charles Messier publica el primer

catalogo de nebulosas y cúmulos estelares a partir del cual se va teniendo una comprensión mayor del porqué de estos objetos, de cómo a partir de una nube de polvo estelar, bajo una fuerza de gravedad común y conjunta surgen grupos de estrellas.

Hace unos tres mil trescientos Job inquiría acerca de los males que le estaban aconteciendo y en lugar de encontrar unas respuestas concisas a las mismas encuentra la respuesta de Dios mostrándole todo su poder actuando en la creación, el cual no puede llegar a entender en su totalidad y que le hace ver la imposibilidad de comprender el carácter y la mente de Dios. Es una de estas alusiones a la creación que Dios le dice: *"¿podrás tú atar los lazos de las Pléyades, o desatarás las ligaduras de Orión?"* (Job 38:31), mostrando la característica esencial de ambas constelaciones: su concentración y formación de estrellas bajo su particular fuerza de atracción. Algo que también el profeta Amós detalla cuando exhorta al pueblo de Israel a buscar *"al que hace las Pléyades y el Orión"* (Amós 5:8)

La luz está en movimiento

Ninguna otra disciplina científica como el estudio y
 comprensión de la luz, su
concepto y propagación ha ido
tan despacio en la historia de la
ciencia. Hubo de pasar más de
1500 años para que las
diferencias entre quienes
proponían sobre la naturaleza de
la luz que los rayos pasan del
objeto al ojo (Aristóteles,
Demócrito, Epicúreo o
Lucrecio), o que pasan del ojo
al objeto (Empdocles, Euclides o Tolomeo), hasta que
Isaac Newton propone en 1666 su teoría corpuscular en
el sentido que considera a la luz como una partícula
material (fotones) y que se propaga en línea recta (la
existencia de formas totalmente nítidas señala esta
realidad). Contraponiéndose a esta teoría corpuscular se
encontraba la conocida como teoría ondulatoria, donde la
luz es definida como un movimiento ondulatorio
semejante al que se produce con el sonido, promulgada

por el holandés Christian Huygens en 1678. Aunque inicialmente no fue tenida en mucha consideración acabó imponiéndose sobre la propuesta que Isaac Newton había realizado unos pocos años antes. Pero todo esto queda superado cuando, en 1865, el inglés James Clerk Maxwell ratifica matemáticamente los postulados de Michael Faraday sobre el electromagnetismo y propone que la luz sea una oscilación electromagnética que se propaga con una longitud de onda infinitesimal. La ciencia concluye, pues, que la luz se desplaza de un punto a otro a una velocidad que ningún otro elemento alcanza (300.000 kilómetros por segundo).

Algo que tres mil seiscientos años ya se le da a conocer a Job. Así lo vemos en el capitulo 38 cuando Dios mismo le muestra el desconocimiento y la impotencia que Job presenta ente la majestuosidad del poder de Dios en la creación. Allí, desde aquel torbellino que ocultaba la majestad de su gloria y en respuesta a las preguntas que Job había hecho, Dios le pregunta si sabe: *"por qué camino se reparte la luz"* (Job 38:24), en clara alusión a quien creó tanto la luz como la forma en la cual se desplaza, ni de una forma lineal, rígida, ni de forma aleatoria en forma de ondas sino en un "reparto" constante y continua (así una de las acepciones de la palabra hebrea "חָלַק" "utilizada: asignar porciones).

La tierra está suspendida en el espacio

 Es a partir de la comprensión que los babilonios y sumerios tenían en cuanto a que tanto el cielo como la tierra estaban unidos y que todo convivía junto, pasando por el concepto egipcio en el cual el universo era una caja rectangular con la tierra como suelo plano y el cielo como la tapa de esa caja, llegamos a los griegos: Anaximandro (550 a.C.), que presenta su particular concepto del universo donde el centro era la tierra y todas las estrellas y planetas giran alrededor de ella; Eudoxo (400 a.C.), que llegó a establecer el año en 365 días y 6 horas, y Aristóteles (350 a.C.), presentando la forma esférica de la tierra. Por su parte, es el chino Chi Meng (1299), quien sostiene que "*las estrellas, el sol y la luna flotan en el espacio vacío*". Para el año 1609, el astrónomo y matemático alemán, Johannes Kepler, discípulo y continuador de la obra de Tycho Brahe,

avanza en la comprensión de la dinámica del universo al presentar sus conocidas leyes acerca de la orbita y rotación de los planetas del sistema solar. Posteriormente, en 1687, como resultado del estudio que realiza a los enunciados de Kepler, el científico Isaac Newton presenta su teoría sobre la ley de gravitación universal donde se concluye que todos los astros permanecen "unidos" entre sí por la atracción gravitacional de cada uno.

Hace cerca de tres mil seiscientos años, en respuesta a Bildad y a sus amigos, Job les dice que no es posible que puedan conocer todo acerca de Dios pues la sabiduría ni tiene origen en esta vida ni en la mente humana, sino que proviene de Dios mismo. Para demostrar esto, les realiza una seria de preguntas retóricas (es decir, una pregunta que no espera respuesta pero que hace pensar al oyente), y afirmaciones acerca de la manifestación del poder divino mostrado en la creación. Es en una de estas afirmaciones realizadas a sus amigos donde Job señala que Dios *"cuelga la tierra sobre nada"* (Job 26:7), en manifiesta evidencia de que ningún soporte o apoyo sujeta el peso del planeta en el espacio.

El núcleo ardiente de la Tierra

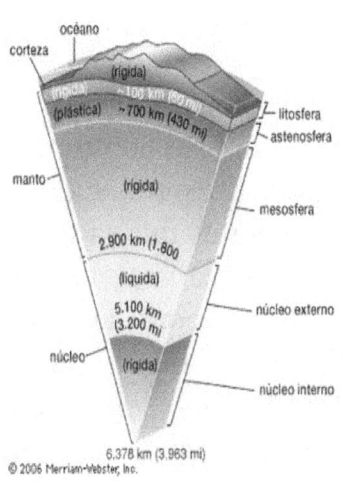

Así como el conocimiento sobre el universo y la forma o superficie de la tierra fueron en aumento desde babilonios y griegos de la antigüedad, la composición interna de la tierra permaneció, prácticamente, inamovible desde que Aristóteles (350 AC), la definiese como hueca. Durante unos dos mil años todos los científicos, filósofos y pensadores siguieron teniendo esta impresión, incluso después que Isaac Newton, una vez propuesta su ley de la gravedad, concluyese que la tierra tenia que ser muy densa en su interior. Como ejemplo de que en poco se tuvo la opinión de Isaac Newton y continuaron con el concepto ancestral de una tierra hueca, tenemos a Edmund Halley (1700), descubridor del cometa que lleva su nombre; al escritor Edgar Allan Poe (1833), o a Julio Verne (1864), en su conocida obra "viaje al centro de la

Tierra". Hubo que llegar a 1906 cuando R. D. Oldham plantea la existencia de un núcleo en el interior de la tierra, cuando estudiaba las ondas de reflexión de los terremotos. En 1909 Andrija Mohorovicic define la separación del manto y la corteza terrestres. Beno Gutemberg, en 1914, demuestra la existencia del núcleo, situado a 2.900 Km. de profundidad respecto de la superficie terrestre y la danesa Ingue Lehmann, en 1936, confirma que este núcleo se divide en dos partes: una interior y sólida y otra exterior y liquida con temperaturas superiores a los 6000 grados centígrados.

Hoy, como Job hace ya tres mil seiscientos años podemos decir que el interior de la tierra está convertido en fuego. En efecto, desde la antigüedad es conocida la actividad de explotar los recursos minerales que la tierra nos ofrece y como el ser humano se ha venido aprovechando de ellos. Es en torno a esta consideración sobre la plata, el oro, el hierro, el cobre y de las minas que el hombre construye para extraerlos que Job dice a sus amigos: "*de la tierra nace el pan, y debajo de ella está como convertida en fuego*" (Job 28:5), conocedores que cuanto más honda llega la excavación de los hombres mayor es la temperatura que encuentra en el interior de la Tierra.

El ciclo del agua descrito

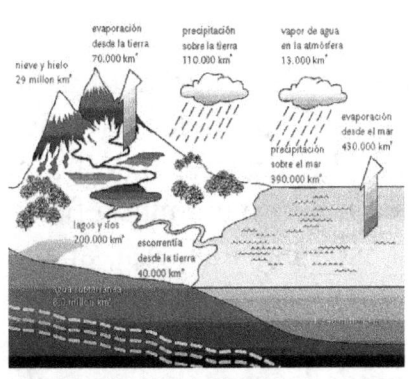

Si bien es cierto que ya Homero (800 a.C.), escribía poéticamente sobre el océano diciendo que "*de sus profundidades surgen cada río y mar, cada vertiente y fuente que fluye*" y que Aristóteles (350 a.C.), explicaba que el agua salada del mar se volvía dulce al evaporarse, el concepto general que todos los científicos y filósofos hasta llegar al siglo XVII era que el agua del fondo de los océanos penetraba a la corteza terrestre y de allí ascendía a las montañas por el calor interno de la tierra. Fue en 1674 que el francés Pierre Perrault realiza mediciones sobre las precipitaciones de las lluvias y el caudal del río Sena comprobando que las primeras eran unas seis veces superiores al aumento del caudal de río. Edmon Mariotte, su paisano y contemporáneo, realizó los mismos experimentos con manantiales subterráneos obteniendo los mismos resultados: el aumento de las aguas con relación a las precipitaciones de la lluvia. Cerca de 1700 el astrónomo Edmond Halley (que da nombre al famoso cometa), hizo mediciones sobre la evaporación y la lluvia diarias en el mar Mediterráneo, dejando constancia que el volumen del agua evaporada del mar era suficiente para explicar las lluvias. Años mas tarde la ciencia nos señalará que de la evaporación del agua del mar surgen las nubes las cuales descargan una parte sobre la tierra y que a través de los ríos y aguas subterráneas regresan al mar.

Lo que hoy conocemos como ciclo hidrográfico, ya lo describía Salomón hace dos mil ochocientos años cuando, comenzando su libro de Eclesiastés, muestra el contraste entre la estabilidad que muestra el mundo físico con lo frágil que se muestra la vida humana. Así, aparte del ciclo del Sol y el del viento (algo que veremos posteriormente), dice que: *"los ríos todos van al mar, y el mar no se llena; al lugar de donde los ríos vinieron, allí vuelven para correr de nuevo"* (Eclesiastés 1:7), en inequívoca alusión a que el origen y el caudal de agua de los ríos se encuentran asociados, irremediablemente, al agua caída de las nubes (sea lluvia o nieve), las cuales, a su vez, se nutren del agua evaporada del mar.

Corrientes oceánicas en el mar

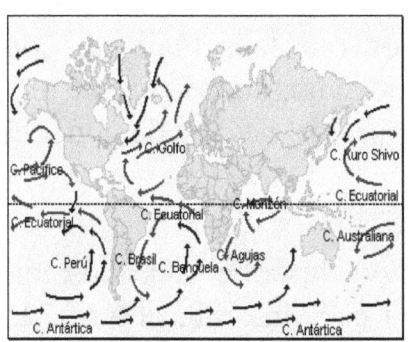 Desde que Noé construyese el arca para afrontar el diluvio, pasando por los fenicios, vikingos, griegos y romanos, vemos que a lo largo de la historia la navegación marítima ha sido y es un pilar fundamental de las comunicaciones. Cada vez más, las civilizaciones avanzaban rápidamente en el conocimiento y el uso del mar para sus relaciones y negocios. Así, partiendo de las pequeñas barcas para la pesca costera hasta los mayores barcos de remos o vela, vemos como todos se desplazan de día y teniendo siempre visible la costa (la navegación por cabotaje, es decir, de cabo a cabo, las dos partes más salientes de la costa entre dos puntos), llegamos al siglo XV cuando portugueses y españoles comienzan a navegar el Atlántico en lo que se conoce como navegación de altura, aprovechándose para ello del conocimiento adquirido en el desplazamiento de los vientos (este-oeste hacia el ecuador y oeste-este hacia

el norte), la brújula (que marca siempre una misma referencia), y el astrolabio (instrumento para calcular la latitud). Pero es con el vallisoletano Juan Ponce de León, en 1513, que se empiezan a conocer y entender acerca de las corrientes marinas (descubrió la corriente del Golfo), verdaderos canales de circulación para los navíos que veían aumentada su velocidad de desplazamiento. Posteriormente, en 1800, Alexander von Humboldt descubre la corriente oceánica que circula por las costas de Perú, Chile y la Antártica. Luego aparecerían estudios detallados (en la actualidad, con satélites incluidos), donde conocemos todos y cada uno de los "senderos" surcados por los navíos de todo el mundo.

Senderos que ya el rey David describe hace dos mil nueve cientos años cuando, en el Salmo 88, describe la grandeza y el poder de Dios en la creación y como esta es dejada en manos del hombre teniendo autoridad sobre toda la creación y la responsabilidad de cuidarla. David señala de forma concisa en el versículo 8: "*todo cuanto pasa por los senderos del mar*", en una clara referencia al aprovechamiento de las corrientes marinas por parte de los animales marinos en sus migraciones, bien por comida bien por reproducción.

El peso del aire

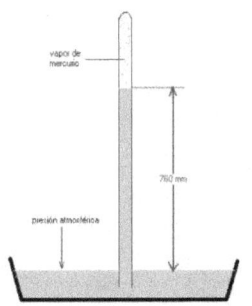

Desde que Anaxímenes de Mileto (550 a.C.), diferenciase al aire de otros elementos *"en virtud de la rarefacción y de la condensación"*, muchos siglos tuvieron que pasar hasta el poder conocer y explicar el concepto de la presión que el aire ejerce (presión atmosférica). Que el movimiento del aire (viento), era aprovechado desde la antigüedad queda demostrado desde los cotidianos hechos de la caza (no ser detectado el olor humano por el animal), pasando por las guerras (lanzamiento de flechas, incendios dirigidos), hasta el hecho de la construcción de veleros para surcar el mar o el funcionamiento de los primeros molinos de viento, allá por el siglo VI. Pero no es hasta los días de Galileo, en 1585, cuando, requerido por la necesidad de extraer agua para los jardines de Florencia, encuentra que la máxima altura alcanzada era de 10,33 metros. Años mas tarde, en 1643, Evangelista Torricelli concluía estos trabajos utilizando, en esta ocasión, el mercurio. El resultado, teniendo en cuenta la densidad del mercurio con la del agua, era el mismo que su mentor había enunciado. Y aunque la prueba definitiva la obtendría Blaise Pascal en septiembre de 1648, la comprensión de lo que realmente acontecía la señaló, el también francés, René Descartes, al señalar que *"el aire es pesado, se le puede comparar a un vasto mantón de lana que envuelve la Tierra hasta más allá de las nubes; el peso de esta lana comprime la superficie del mercurio en la cuba, impidiendo que descienda la columna mercurial"*. Nacía, y se entendía, el concepto de presión atmosférica.

Hace ya unos tres mil seiscientos años Job, en conversación con sus tres amigos acerca de la sabiduría y la inteligencia, señala que no se encuentran en la tierra (en alusión directa e inequívoca a su procedencia de Dios), y que el único quien la entiende y conoce es el Todopoderoso por cuanto El la veía, manifestaba, preparaba y descubría en la creación y, concretamente: *"al dar peso al viento, y poner las aguas por medida"* (Job 28:25), entre otras muchas leyes físicas que rigen a nuestro planeta sin las cuales la vida en él sería imposible de llevarse a cabo, al igual que ocurre en los otros astros del sistema solar que bien carecen de atmosfera o la misma está tan enrarecida que es imposible la vida humana, animal y vegetal allí.

Los vientos soplan en caminos circulares

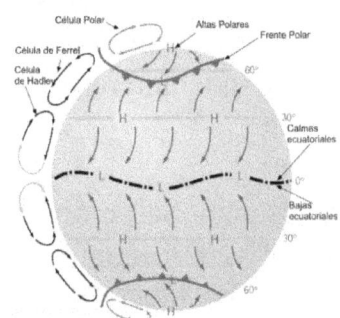

Desde que los "anemois": bóreas, noto, céfiro y euro, el nombre de los cuatro vientos en la mitología helénica apareciesen en la historia correspondiéndose con los cuatro puntos cardinales hasta que por el año 1630 Evangelista Torricelli definiese al viento como *"la diferencia de temperatura del aire"*, poco, o casi nada, avanzó el conocimiento sobre el viento a pesar de su más que frecuente uso (y aprovecho), en la vida cotidiana, como las cosechas, vendimias, extracción agua, etc., o en la navegación, con la confección de los veleros para el comercio entre distantes poblaciones. Hay que esperar a 1667 para encontrar uno de los primeros avances en la comprensión sobre el viento cuando el ingles Robert Hooke presenta el anemómetro (para medir la velocidad del viento), el barómetro (para medir la presión que ejerce el aire), y el higrómetro (para medir el grado de humedad del aire). Posteriormente, en 1735, el ingles George Hadley presenta su definición sobre la circulación atmosférica global señalando que el aire, al calentarse cerca del ecuador, asciende y se desplaza hacia el norte (en el hemisferio norte), donde se enfría y, descendiendo, vuelve hacia el sur. Es lo que la ciencia de hoy cataloga como "la celda de Hadley". Años mas tarde, en 1856, el también ingles, William Ferrell descubre que en latitudes superiores ocurre lo contrario a lo observado por su compatriota. Es lo que la ciencia de hoy cataloga como "la celda de Ferrell". Una tercera "celda" es la conocida como "la polar" por situarse, precisamente, en los polos. Es, concretamente, la descubierta por George Hadley la que nos interesa en esta particular sección.

Algo que hace ya dos mil ochocientos años Salomón ya conocía de esta realidad, exponiéndola cuando contrasta la vida del hombre sobre esta Tierra con las leyes físicas que rigen todos los hechos meteorológicos que en ella suceden. Así, en Eclesiastés 1:6 dice que: "*el viento tira hacia el sur, y rodea al norte; va girando de continuo, y a sus giros vuelve el viento de nuevo*", en referencia exacta a la circulación del viento en la latitud donde el vivía por aquel entonces.

Los relámpagos y su trayectoria

 Desde que el griego Anaxágoras (450 AC), describiese los relámpagos como *"el rozamiento entre dos nubes"*, o que Aristóteles (350 AC), los definiese como *"la combustión entre la exhalación suave de la atmosfera y el fuego"* (la mitología nórdica lo presenta como *"producto del fuego al cortar las nubes con su espada"* en su lucha con los dioses), pasando por los grandes científicos Benjamín Franklin, Thomas Edison o Nikola Tesla, entre otros, no es hasta cerca del año 1930, con el perfeccionamiento del invento del obturador para la exposición fotográfica por parte del alemán Ottomar Anschütz, que la ciencia llega a comprender cómo se desplaza el rayo a través de la atmosfera. Antes de la aparición de la luz del relámpago ocurre lo que los científicos llegan a denominar como "el líder", el cual proporciona el camino o la trayectoria que la energía o descarga eléctrica ha de seguir en su viaje desde las

nubes hacia la tierra. Estos "lideres" cargados positiva y negativamente, avanzan en direcciones opuestas. Así, aquellos cargados negativamente avanzan hacia tierra, pudiendo ramificarse en varios caminos, y desde tierra aparecerá otro trazador para buscar la interconexión de ambos y crear un camino definido por donde se compensarán las cargas. Por lo tanto, hoy la ciencia nos enseña que el rayo tiende a seguir un camino preparado previamente.

Algo que hace ya tres mil seiscientos años Dios mismo revela cuando ante la impotencia de Job y sus tres amigos, responde desde el torbellino señalando su grandeza y poder en la creación y en aquellos hechos, a veces imperceptibles para el ser humano, que suceden cotidianamente en la Tierra. Uno de ellos, en lo referente a los fenómenos atmosféricos, el pasaje de Job 38:25 recoge las palabras de Dios preguntando a Job y sus tres amigos: "*¿Quién repartió conducto al turbión, y camino a los relámpagos?*". Algo que, como estamos contemplando en esta sección, ni resulta algo novedoso ni reciente para el hombre.

Mecánica Celeste

Desde las recientes palabras del científico inglés Stephen Hawking referidas al universo: "*la ciencia parece haber descubierto un conjunto de leyes*" (recogidas en su libro "el gran diseño", septiembre de 2010), hemos de remontarnos a Pitágoras de Samos (550 a.C.), quien fue el primero en utilizar la palabra *Cosmos*, es decir, el concepto de universo ordenado y armonioso. El reconocido Eudoxo de Cnidos (350 a.C.), presenta su esfera celeste y de la cual se valió Aristóteles para presentar su personal concepto geocéntrico del universo cerca del 350 a.C., el cual perduró hasta bien entrada la Edad Media, aún a pesar de que el griego Aristarco de Samos (275 AC), propusiese su modelo heliocéntrico del Sistema Solar (cerca de 800 años antes que el hindú Aria Batha, 1100 años antes que el afgano Mohamed Abu Mashar y 1800 años antes que

Copérnico). Es a partir de Johannes Kepler, en 1610, con quien la ciencia entra en una demostración matemática de lo observado, al presentar sus tres leyes sobre el movimiento de los planetas. Posteriormente, en el año 1666, Isaac Newton presenta la ley de gravitación universal, y ha de avanzarse hasta 1916 cuando Albert Einstein formula la Teoría General de la Relatividad (en 1924, el ruso Alexander Friedmann publica la primera solución matemática a las ecuaciones de Einstein). En 1929, Edwin Hubble establece que las galaxias "*se alejan unas de otras a una velocidad proporcional a su distancia*", mientras que el suizo Fritz Zwicky, en 1933, publica que las galaxias están permanente ligadas por su mutua atracción gravitacional.

Leyes que ya existían tres mil seiscientos años y que se les explican tanto a Job como a sus tres amigos a lo largo del capitulo 38 y relativas tanto a la vida humana, como la Tierra y las leyes físicas que la rigen no solo en su composición y actividad, así como al firmamento y su funcionamiento estelar. Es en este punto concreto que Dios le dice a Job: "*¿Conoces las leyes de los cielos?"* (Job 38:33), algo que nos lleva a considerar sobre el que sería de nosotros si nuestro planeta estuviese a mayor o menor distancia de la cual está del Sol. O que sería de nosotros si la inclinación del eje terrestre fuese mayor del que es. O si nuestro Sol fuese otra estrella diferente.

La vida está en la sangre

Desde que Hipócrates (350 a.C.), declarase que las enfermedades eran producto de un desequilibrio entre los elementos líquidos del cuerpo (sangre, bilis, etc.), pasando por Galeno (150), que mantuvo lo enunciado por su antecesor, hay que aguardar hasta bien entrada la edad media, en 1523, cuando el suizo Felipe Teofrasto Von Hohenheim se revela contra la medicina tradicional e histórica de sus predecesores. Seguido por su contemporáneo Andreas Vesalius y otros, presenta sus libros de medicina interna y cirugía práctica y teórica. Pocos años mas tarde, en 1624, el ingles William Harvey presenta sus estudios sobre la circulación unidireccional de la sangre en todo el cuerpo humano. En 1661, el italiano Marcelo Malpighi confirma esta realidad y señala que la sangre circula de las arterias a las venas a través de los vasos capilares. Con la llegada del microscopio, el holandés Antoon van Leeuwenhoek describe los eritrocitos (glóbulos rojos) y el porqué del color de la sangre. En 1867, el científico alemán Félix HoppeSeyler presenta la hemoglobina como la transportadora del óxido en la sangre, así como la recolectora en la misma del anhídrido carbónico y descubriendo, también, que no tiene núcleo (anucleado, algo único y diferenciador en los mamíferos). Posteriormente, en 1901 el austriaco Karl Landsteiner descubre que la sangre se diferencia por su grupo sanguíneo (único y exclusivo de 4 en el ser humano, diferente del resto de los mamíferos), y en 1940 el mismo científico presenta el tercer factor de la sangre, el RH. Sin este liquido elemento, la vida humana o animal sería totalmente imposible.

Algo que hace ya tres mil quinientos Moisés conocía por cuanto en Levítico 17:11 Dios mismo le señala que *"la vida de la carne en la sangre está"*, algo que, muchos años antes, también señala a Noé y sus descendientes al decirles que no podían comer *"carne con su vida, que es su sangre"* (Génesis 9:4), y estableciendo, también, que *"El que derramare sangre de hombre, por el hombre su sangre será derramada"*.

La vitamina K

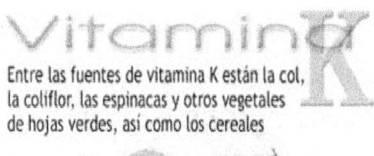

Entre las fuentes de vitamina K están la col, la coliflor, las espinacas y otros vegetales de hojas verdes, así como los cereales

El primer avance de la ciencia, en cuanto a la salud se refiere, fue que la base para una vida saludable requería una dieta equilibrada y sencilla. Con el paso del tiempo se iba viendo que el cuerpo humano presentaba síntomas de carencia en cuanto a carbohidratos, grasas y proteínas, incluso en la edad media ya se especulaba que ciertas enfermedades se debían a la falta de nutrición. Fue por el año 1537 que el explorador francés Jacques Cartier, en su expedición por Canadá, vio como muchos de sus hombres padecían la enfermedad del escorbuto (producida por falta de vitamina C). Gracias a los indios nativos, sanaron de esta enfermedad bebiendo agua impregnada de agujas (las "hojas") de pino. Posteriormente, el marino inglés James Cook, en su viaje por el Pacífico, atajó esta enfermedad con el zumo de lima (limón). En 1891, el almirante japonés Kanehiro Takaki hacía comer a su tripulación cáscara de arroz, rica en vitamina B, para erradicar la enfermedad del beri-beri (que afecta al sistema nervioso). En 1913 se descubre la vitamina A; en 1922, se descubren las vitaminas D y E, y en 1930 el danés Carl Peter Henrik Dam descubre la vitamina K, que años después (1939), sintetiza el americano Edward Adelbert Doisy, recibiendo ambos, en 1943, el premio Nobel de medicina. Esta vitamina K se necesita para que el hígado produzca los factores que necesita la sangre para coagular apropiadamente. Son los recién nacidos quienes más padecen una deficiencia en la coagulación sanguínea, con las consiguientes hemorragias, por falta de la vitamina K al nacer y hasta que por si solo empiece a producirla su cuerpo. Hoy en día, durante el final del embarazo, se protege a la madre y al niño mediante inyecciones de esta vitamina, cuya mayor producción en el cuerpo es, precisamente, al octavo día del nacimiento.

Algo que se le da a conocer Moisés, hace ya tres mil quinientos años, cuando Dios le dice: "*al octavo día se circuncidará al niño*" (Levítico 12:3), en clara referencia al pacto que Dios estableció con Abraham y su descendencia en base a la obediencia a la Ley de Dios y al reflejo externo de la misma. Aunque la circuncisión también se realiza a personas adultas (el caso de Abraham y su casa en Génesis 17:24-27, el pueblo de Israel en el desierto en Josué 5:5-7, o el caso de Tito en Gálatas 2:3), la inequívoca referencia al hacerla en los recién nacidos la tenemos, también, en el Señor Jesús (Lucas 2:21).

www.ingramcontent.com/pod-product-compliance
Lightning Source LLC
Chambersburg PA
CBHW071015180526
45168CB00003B/1426